BEI GRIN MACHT SICH IHR WISSEN BEZAHLT

- Wir veröffentlichen Ihre Hausarbeit,
  Bachelor- und Masterarbeit

- Ihr eigenes eBook und Buch -
  weltweit in allen wichtigen Shops

- Verdienen Sie an jedem Verkauf

Jetzt bei www.GRIN.com hochladen
und kostenlos publizieren

Lohnt sich eine Photovoltaik-Anlage mit oder ohne Batteriespeicher für ein Einfamilienhaus?

Nick Bulach

Bibliografische Information der Deutschen Nationalbibliothek:

Die Deutsche Nationalbibliothek verzeichnet diese Publikation in der Deutschen Nationalbibliografie; detaillierte bibliografische Daten sind im Internet über http://dnb.d-nb.de abrufbar.

ISBN: 9783346924414
Dieses Buch ist auch als E-Book erhältlich.

Projektarbeit: „Projektierung einer PV-Anlage mit/ohne einem Batteriespeicher für ein Einfamilienhaus"

im Studiengang Energiewirtschaft und Management

der Fakultät Business Science and Management

an der Hochschule Albstadt-Sigmaringen

eingereicht von

Nick Bulach

Hechingen, 28. November 2022

Inhaltsverzeichnis

Abbildungsverzeichnis

Tabellenverzeichnis

1. Einleitung

1.1. Problemstellung

Im Rahmen des Moduls „Vertiefungsseminar Energiewirtschaft" soll ein energiewirtschaftliches Thema in Form eines Projektes näher betrachtet werden.

Diese Arbeit beschäftigt sich mit dem Thema „PV-Anlage ohne/mit Batteriespeicher". Das daraus resultierende Projekt setzt sich mit der konkreten Projektierung einer PV-Anlage ohne und mit einem Batteriespeicher auseinander. In der Projektierung geht es um ein Einfamilienhaus.

Ziel ist es, folgende Fragestellung zu beantworten: *Ist in dem beschriebenen Anwendungsfall die Integration eines PV-Batteriespeichers zur PV-Anlage sinnvoll?*

1.2. Gang der Analyse

Die Arbeit ist nun folgendermaßen gegliedert:

In Kapitel 2 „Allgemeiner Teil" soll ein grundlegender Überblick über die verwendeten Technologien PV-Anlage und Batteriespeicher, sowie deren Kombination in einem PV-Batteriespeichersystem gegeben werden. Dabei wird auf die wichtigsten Arten, die Funktionsweisen und die Kosten für die verwendeten Komponenten eingegangen. Weiter werden in diesem Kapitel die möglichen Aufbauweisen des PV-Batteriespeichersystems, dessen Dimensionierung und Betriebsweisen näher beleuchtet.

Mit dem „Projektbezogenen Teil" in Kapitel 3 wird der Blick nun auf den Anwendungsfall des Projektes gerichtet. Es folgt die Vorstellung des Projektes mit den wichtigsten Eckdaten, Gründen und Zielen des Projektes. Mithilfe der gegebenen Eckdaten soll die PV-Anlage dann sowohl ohne als auch mit Batteriespeicher projektiert werden. Durch die errechneten Performance-Werte der beiden Projektierungen soll die Grundlage für deren Vergleich am Ende des Kapitels geschaffen werden.

Das „Fazit" in Kapitel 4 schließt diese Arbeit mit einer Beantwortung der gestellten Fragestellung und einem Ausblick ab.

2. Allgemeiner Teil

2.1. PV-Anlage

Photovoltaik-Anlagen ermöglichen die direkte Umwandlung von Sonnenenergie in elektrische Energie. Die Umwandlung geschieht mithilfe von Solarzellen.

2.1.1. Aufbau, Funktionsweise und Arten von PV-Anlagen

In Abb. 1 ist der grundsätzliche Aufbau einer solchen Solarzelle zu sehen. Diese besteht aus einer n-leitenden Schicht an der Oberfläche und einer p-leitenden Schicht unten. Zwischen diesen beiden Schichten herrscht ein elektrisches Feld. Hier findet die photovoltaische Wandlung und damit die Stromerzeugung statt. Die Antireflexschicht an der Oberseite der Zelle dient der Reduzierung von Reflexionsverlusten und verleiht z.B. einer Silizium-Zelle ihre typische Blaufärbung. Die Rückseite der Zelle ist ein ganzflächig metallischer Kontakt. Die Oberseite der Zelle ist ebenfalls ein metallischer Kontakt, allerdings im Sinne von Abschattungsverlusten gitterartig aufgebaut.

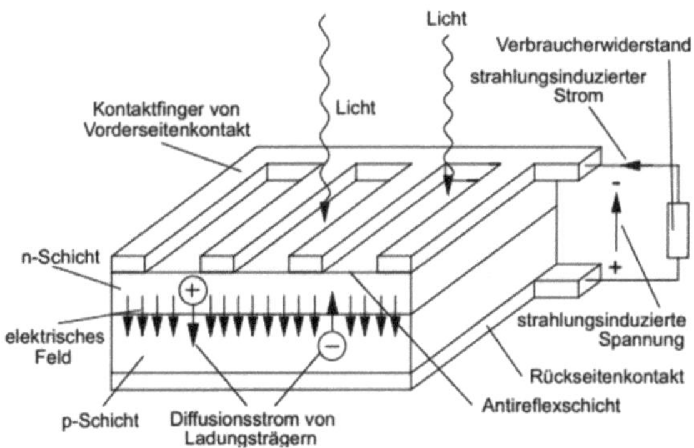

Abbildung 1: Grundsätzlicher Aufbau einer Solarzelle
Quelle: Kaltschmitt, M. (2014), S. 365

Nach dem Energiebändermodell für Festkörper existieren für einen Festkörper sogenannte Energiebänder für die einzelnen Energieniveaus der Elektronenbahnen. Diese können eine begrenzte Anzahl an Elektronen aufnehmen. Beginnend vom ersten Band aus, werden die Bänder nacheinander gefüllt. Das Valenzband ist das oberste vollständig gefüllte Band. Das Leitungsband stellt das nächsthöhere Band dar und ist entweder leer oder nur teilweise befüllt.[1]

---

[1] Vgl. Quaschning, V. (2019), S. 192

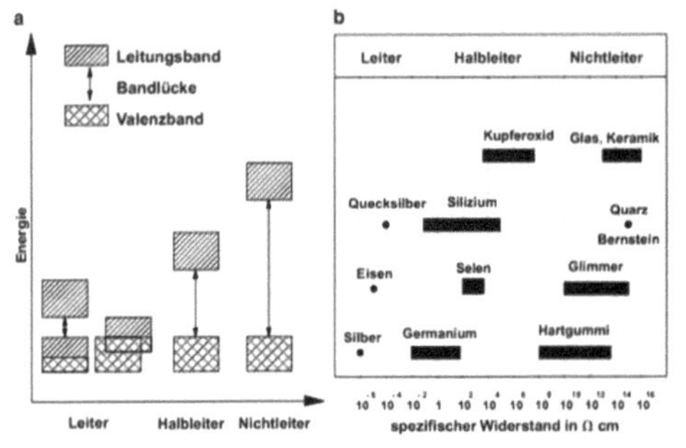

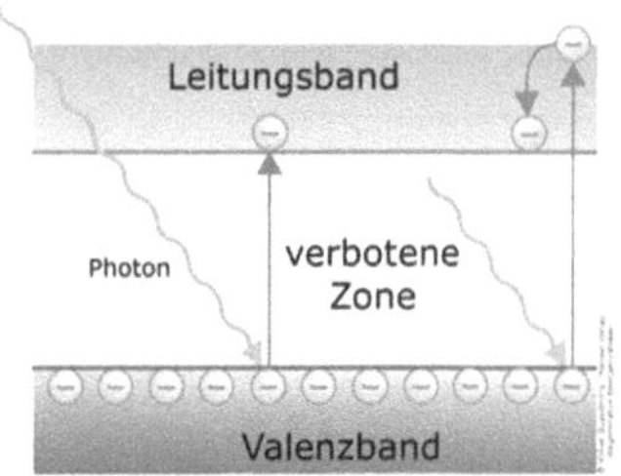

Abbildung 3: Innerer Photoeffekt
Quelle: Quaschning, V. (2019), S. 193

Abbildung 2: Valenz- und Leitungsband sowie Bandlücke und
spezifische Widerstände von Leitern, Halbleitern und Nichtleitern
Quelle: Kaltschmitt, M. (2014), S. 355

Wie in Abb. 2 zu sehen, nutzen Halbleiter wie Silizium dieses Prinzip. Im Leitungsband eines Halbleiters sind ausreichend viele Plätze für Elektronen frei. Außerdem ist die Bandlücke, also die Lücke zwischen Valenzband und Leitungsband und damit der spezifische Widerstand gering genug für den inneren Photoeffekt.

Trifft ein Photon und damit thermische Energie auf ein Elektron des Valenzbandes, so wird das Elektron auf das Leitungsband angehoben. Das ist der innere Photoeffekt (Abb. 3). Ist die eingebrachte Energie des Photons zu gering, so fällt das Elektron auf das Valenzband zurück. Bei zu großer eingebrachter Energie des Photons wird das Elektron zwar auf das Leitungsband angehoben, verliert aber die überschüssige Energie in Form von Wärme.[2]

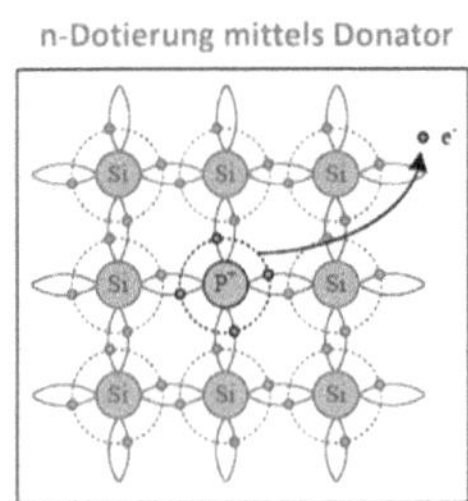

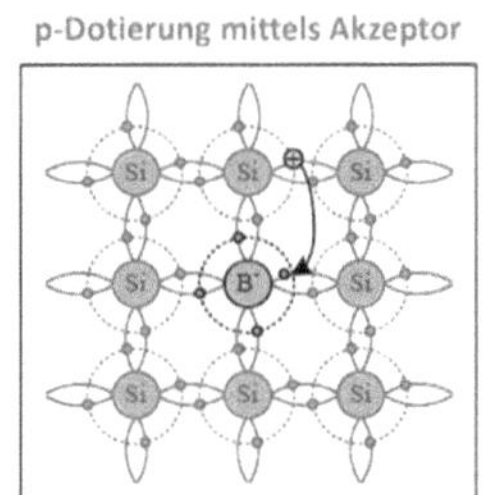

Abbildung 4: Effekt der Störstellenleitung
Quelle: in Anlehnung an Wesselak, V. (2013), S. 200

Der gängigste Halbleiter Silizium besitzt vier Valenzelektronen und bildet eine stabile Verbindung durch die gemeinsame Nutzung von Elektronenpaaren mit vier benachbarten Atomen. Um nun elektrischen Strom zu erzeugen, ist es nötig, auf den Effekt der

---

[2] Vgl. Quaschning, V. (2019), S. 193

Störstellenleitung zurückzugreifen. Mit dem Ziel eines veränderten elektrischen Verhaltens werden dafür gezielte Verunreinigungen (Störstellen) in das vierwertige Silizium eingebracht.

So kann das vierwertige Silizium mit einem Stoff aus der fünften Hauptgruppe (z.B. Phosphor) verunreinigt werden. Wie in Abb. 4 zu sehen hat dies zur Folge, dass für eine stabile Bindung ein Elektron nicht benötigt wird und damit übrig ist. Hier wird nun von einer n-Dotierung und einem n-Halbleiter gesprochen. Bei der Verunreinigung handelt es sich um einen Donator. Bereits durch eine geringe Energiezufuhr kann das übrige Elektron des Donators nun abgespalten werden und steht damit zum Ladungstransport zur Verfügung.

Verunreinigt man das vierwertige Silizium mit einem Stoff aus der dritten Hauptgruppe (z.B. Bor), so fehlt ein Elektron für eine stabile Bindung. Ein sogenanntes „Loch" entsteht. Hier wird nun von einer p-Dotierung und einem p-Halbleiter gesprochen. Bei der Verunreinigung handelt es sich um einen Akzeptor. Der Akzeptor kann ein Elektron aufnehmen.[3]

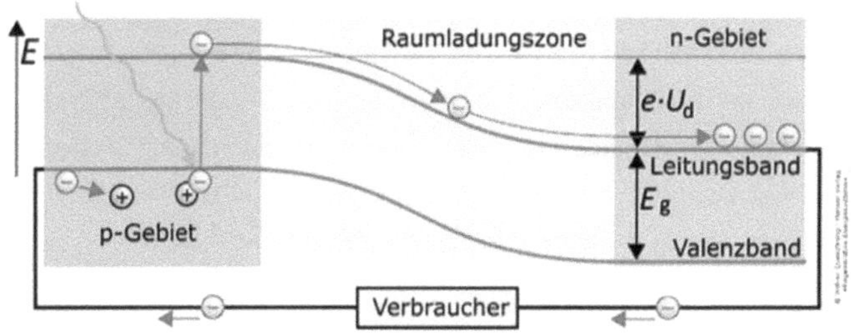

Abbildung 5: Prinzip einer Solarzelle im Energiebändermodell
Quelle: Quaschning, V. (2019), S. 197

In einer Solarzelle stoßen nun in einem p-n-Übergang eine p-dotierte und eine n-dotierte Schicht aufeinander. Herrscht Raumtemperatur, so sind durch die stattfindenden Ausgleichsvorgänge alle Störstellen ionisiert.[4] D.h. die Phosphor-Atome haben ihr übriges Elektron abgegeben und die Bor-Atome ein zusätzliches Elektron aufgenommen.

Treffen nun aber Photonen mit ausreichender Energie in den p-n-Übergang des Halbleiters, so wird deren Energie an die Elektronen des Valenzbandes abgegeben. Wie in Abbildung 5 zu erkennen, wird das Photon in der Raumladungszone absorbiert, wodurch ein Ladungsträgerpaar in ein freies Elektron und ein Loch getrennt wird. Dabei wird das Elektron vom Valenzband auf das Leitungsband angehoben und wandert in Richtung n-dotierte Schicht. Das Loch driftet in die p-dotierte Schicht. Die p-dotierte Schicht ist nun positiv geladen, die n-dotierte Schicht negativ. Dadurch entsteht eine Spannung.[5] Ein angeschlossener Verbraucher

---

[3] Vgl. Quaschning, V. (2019), S. 195 f.
[4] Vgl. Wesselak, V. (2013), S. 205
[5] Vgl. Kaltschmitt, M. (2014), S. 262 f.

kann die erzeugte elektrische Energie abnehmen. Die Elektronen können erneut mit den vorhandenen Löchern zu einem Ladungsträgerpaar („Elektronen-Loch-Paar) rekombinieren.

Zusammengefasst geschieht die photovoltaische Wandlung von Strahlungsenergie in elektrische Energie in drei aufeinander folgenden Prozessen:

Generation von Elektronen-Loch-Paaren → Absorption der Photonen im Halbleiter → Trennung der Ladungsträgerpaare im elektrischen Feld eines p-n-Übergangs

Auf dem Markt für Photovoltaik konnten sich vor allem Silizium-Zellen behaupten.

Kristalline PV-Module: Durch die Verarbeitung liegt das Silizium als Kristall und damit in einer geordneten Gitterstruktur vor. Kristalline PV-Module überzeugen, wie in Abb. 6 zu sehen, vor allem durch ihre vergleichsweisen hohen Wirkungsgrade. Von Nachteil ist aber die für die Funktionsfähigkeit des PV-Moduls benötigte Dicke der Siliziumzellen.

- Polykristalline PV-Module sind weltweit am meisten verbreitet. Innerhalb einer Solarzelle liegen mehrere Kristalle vor. Die dadurch entstehenden Korngrenzen sorgen für Verluste bei der Solarernte.[6]
- Monokristalline PV-Module vermeiden diese Korngrenzen und weisen einen sehr hohen Siliziumgehalt auf. Sie erzielen daher einen höheren Wirkungsgrad, sind aber auch sehr aufwendig in der Herstellung und damit teurer.[7]

Amorphe PV-Module (Dünnschichtmodule): Auf einem Trägermaterial (Glas) wird das Silizium aufgedampft bzw. abgeschieden. Die dadurch entstehende Schicht aus amorphem Silizium ist nur wenige Mikrometer dick. Diese Fertigungsmethode macht PV-Module aus amorphem Silizium günstig. Ein Vorteil ist ebenso die höhere Solarernte solcher PV-Module bei diffusem Licht. Allerdings ist der Gesamt-Modulwirkungsgrad generell niedriger als bei kristallinen PV-Modulen. Weitere Nachteile sind der erhöhte Platzbedarf und die Degradation von amorphem Silizium, welche für eine schnelle Abnahme des Wirkungsgrades sorgt.[8]

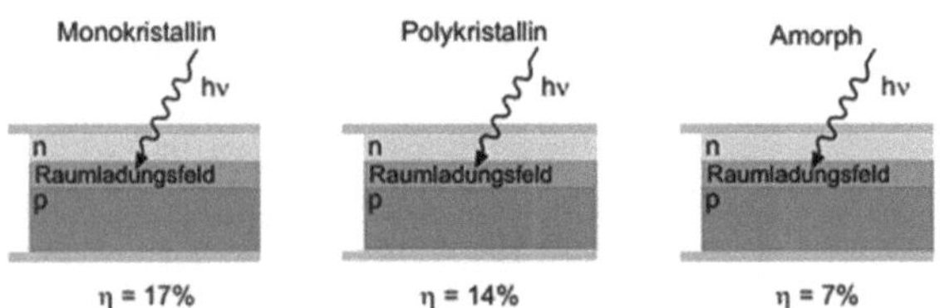

Abbildung 6: Praktische Wirkungsgrade verschiedener PV-Module
Quelle: Schwab, A. (2019), S. 243

---

[6] Vgl. Quaschning, V. (2019), S. 201
[7] Vgl. Quaschning, V. (2019), S. 202
[8] Vgl. https://www.photovoltaik.org/photovoltaikanlagen/solarzellen/amorphes-silizium (Zugriffsdatum: 10.11.2022)

Kristalline Solarzellen besitzen einen theoretisch maximal erreichbaren Wirkungsgrad von 29%. In der Praxis ist dieser aber wie in Abb. 6 zu sehen deutlich niedriger. Das liegt unter anderem daran, dass ein Teil der Strahlung reflektiert oder transmittiert wird. Ein weiterer Grund ist die mögliche Verschmutzung der Solarzellen. Auch kann nur ein Teil der Photonen-Energie genutzt werden. Ist die Energie des Photons zu gering, so kann das Elektron das Valenzband nicht verlassen. Ist die Energie des Photons zu hoch, wird das Elektron zwar auf das Leitungsband angehoben, verliert aber die zu viel eingebrachte Energie des Photons in Form von Wärme.[9]

2.1.2. Kosten für PV-Anlagen und deren Förderung

Die Kosten einer PV-Anlage ergeben sich vor allem aus den Komponenten PV-Module, Wechselrichter, Montagesystem, Netzanschluss und Verkabelung. Nicht außer Acht zu lassen sind die Handwerker-Kosten und ggf. Kosten für einen neuen Zähler. Je nach Art und Qualität können die Komponenten-Preise schwanken.[10] Ebenfalls zu beachten sind die Betriebskosten während der Nutzungszeit sowie die gegebenen Finanzierungsbedingungen. Maßgeblich für die Gesamtkosten sind aber die Preise für PV-Module.

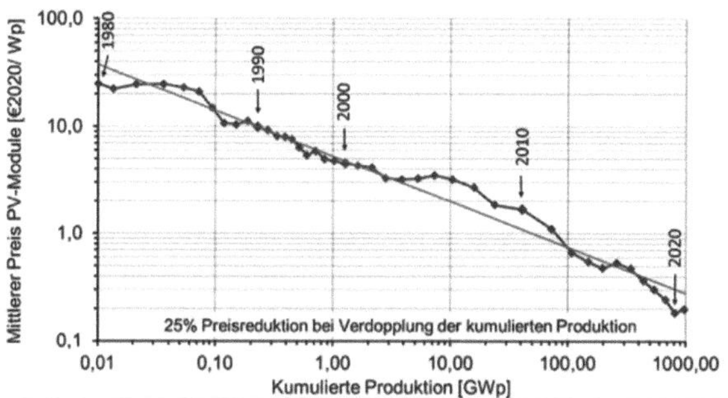

Abbildung 7: Historische Entwicklung der Preise für PV-Module
Quelle: Wirth, H. (2022), S. 8

In Abb. 7 sind die inflationsbereinigten Weltmarkt-Preise für PV-Module zu erkennen. Die Preisentwicklung folgt der typischen Preis-Erfahrungskurve. Allein zwischen den Jahren 2010 und 2020 sind die durchschnittlichen Preise für PV-Module daher um ca. 90% gesunken. Experten erwarten, dass die Preise durch die stetige Weiterentwicklung von PV-Modulen in Zukunft weiter sinken werden.[11]

Für die einzelnen Komponenten-Kosten der PV-Anlage ergeben sich aktuell folgende Richtwerte:

---

[9] Vgl. Quaschning, V. (2019), S. 197
[10] Vgl. https://www.solaranlagen-portal.de/photovoltaik/preis-solar-kosten.html (Zugriffsdatum: 10.11.2022)
[11] Vgl. Wirth, H. (2022), S. 8

Komponente der Solaranlage	Kosten
Kristalline Solarmodule	1.100-1.500 €/kWp
Dünnschichtmodule	750-1.250 €/kWp
Wechselrichter	200 €/kWp
Montagesystem	130 €/kWp
Netzanschluss	500-1.000 €
Verkabelung	1-5 € pro m

Tabelle 1: Komponenten-Kosten einer PV-Anlage
Quelle: https://www.solaranlagen-portal.de/photovoltaik/preis-solar-kosten.html (Zugriffsdatum: 10.11.2022)

Die jährlichen Betriebskosten können laut Fraunhofer Institut mit ca. 1-2% der Investitionskosten bemessen werden.[12]

Mit dem aktuellen Förderprogramm „Erneuerbare Energien - Standard" (270) fördert die KfW die Errichtung einer privaten PV-Anlage. Dabei handelt es sich um einen Kredit mit einem effektiven Jahreszins von 3,80 %.[13] Die Förderung erfolgt in Zusammenarbeit mit der L-Bank des Landes Baden-Württemberg. Ein weiterer Förderaspekt ist die gesicherte 20-jährige Einspeisevergütung im Rahmen des EEG für den eingespeisten PV-Strom. Diese ist aber in den letzten Jahren im Einklang mit den Preisen für PV-Module stetig gefallen. Daran ist zu erkennen, dass PV-Strom konkurrenzfähig wurde. Ab dem Jahr 2012 lag die EEG-Vergütung für PV-Anlagen unter 10 kWp unter dem Haushaltsstrompreis. Damit wurde die Netzparität erreicht. (Abb.7) Für einen Haushalt ist seitdem der Eigenverbrauch preiswerter als der Strombezug über das Netz. Eine reine Netzeinspeisung der PV-Anlage ist damit nicht mehr sinnvoll. Seit dem 30. Juli 2022 erhalten PV-Anlagen bis 10 kWp eine Einspeisevergütung von 8,2 Cent/kWh.[14]

---

[12] Vgl. Wirth, H. (2022), S. 9
[13] Vgl. https://www.kfw.de/inlandsfoerderung/Unternehmen/Energie-Umwelt/F%C3%B6rderprodukte/Erneuerbare-Energien-Standard-(270)/?redirect=84480 (Zugriffsdatum: 10.11.2022)
[14] Vgl. https://www.verbraucherzentrale.de/wissen/energie/erneuerbare-energien/eeg-2023-das-aendert-sich-fuer-photovoltaikanlagen-75401 (Zugriffsdatum: 10.11.2022)

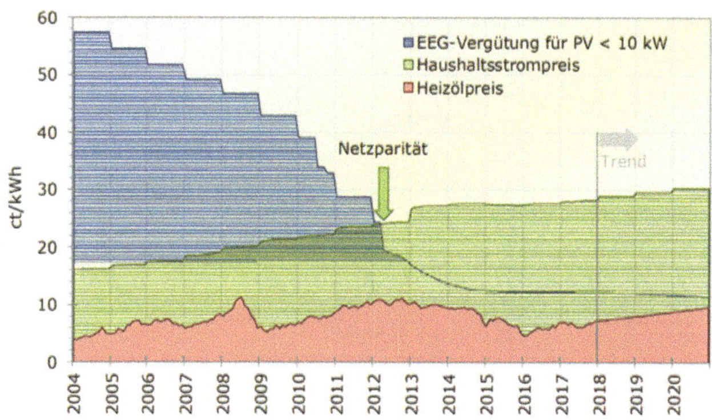

Abbildung 8: EEG-Vergütung für PV-Anlagen mit Leistung unter 10 kWp im Vergleich zum Haushaltsstrompreis und Brennstoffkosten für Ölheizungen
Quelle: Quaschning, V. (2018), S. 161

2.2. PV-Batteriespeicher

Ein Batteriespeicher in Verbindung mit einer PV-Anlage hat den Hauptnutzen, den erzeugten PV-Strom zwischenzuspeichern und den tatsächlichen Verbrauch damit zu verschieben. Dadurch lässt sich die Eigenbedarfsquote und der Autarkiegrad eines Haushaltes erhöhen. D.h. der Haushalt kann vom eigens erzeugten PV-Strom selbst mehr verbrauchen und muss damit weniger Strom über den Netzanschluss beziehen. Ein weiterer Nutzen könnte darin liegen, den Batteriespeicher an Märkten für Regelenergie oder Systemdienstleistungen zu vermarkten.

2.2.1. Arten, Aufbau und Funktionsweise von PV-Batteriespeichern

Gängige PV-Batteriespeicher sind Blei-Säure-Batterien und vor allem Lithium-Ionen-Batterien. In den letzten Jahren wurden die Blei-Säure-Batterien von Batterien auf Lithium-Ionen-Basis verstärkt vom Markt gedrängt. Diese haben nämlich den Vorteil einer längeren Lebensdauer, die durch die besonders hohe Zyklenzahl der Batterie zustande kommt. Auch sind die Preise für Batterien auf Lithium-Ionen-Basis zuletzt stark gesunken.[15] Durch ihre hohe Energiedichte haben Lithium-Ionen-Batterien ein kompaktes Design und können in einem privaten Haushalt daher leichter untergebracht werden. Blei-Säure-Batterien haben dagegen einen erhöhten Platzbedarf und Wartungsaufwand.

---

[15] Vgl. Figgener, J. (2017), S. 43

8

In folgender Tabelle 2 sind die wichtigsten Eigenschaften beider Batterietypen miteinander verglichen:

Eigenschaft	Blei-Säure-Batterie	Lithium-Ionen-Batterie
Energiewirkungsgrad	73-78 %	85-90 %
Energiedichte	50-100 Wh/l	250-500 Wh/l
Zyklenlebensdauer	1000-4000	2000-10.000 (Vollzyklen)
Kalendarische Lebensdauer	8-20 Jahre	10-25 Jahre
Entladetiefe	80 %	bis 100 %
Selbstentladung	2-4 % pro Monat	<3 % pro Monat

Tabelle 2: Eigenschaften von Blei-Säure-Batterien und Lithium-Ionen-Batterien
Quelle: Graulich, K. (2018), S. 26 f.

In ihrem Aufbau ist die **Blei-Säure-Batterie** als PV-Speicher ähnlich der Kfz-Ausführung. Wie in Abb. 9 zu sehen, besteht sie aus zwei Elektroden. Die positive Elektrode besteht aus Bleioxid (PbO_2) und die negative Elektrode aus reinem Blei (Pb). Die Elektroden befinden sich in einem Elektrolyt aus verdünnter Schwefelsäure (H_2SO_4) und werden durch einen Seperator voneinander getrennt sind. Die Nennspannung einer Zelle der Bleibatterie liegt bei 2 V. Für ein entsprechendes Spannungsniveau werden die Zellen daher in Reihe geschaltet.

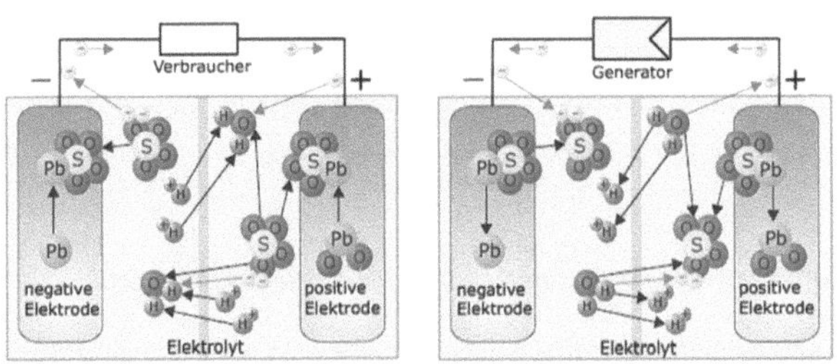

Abbildung 9: Bleibatterie - Aufbau und Funktionsweise
Quelle: Quaschning, V. (2019), S. 241

Beim Entladevorgang gibt ein Bleiatom an der negativen Elektrode zwei Elektronen ab und wird damit zum Bleikation Pb_{2+}. Das Bleikation löst sich nun in der Schwefelsäure SO_4^{2-} und bildet das Bleisulfad $PbSO_4$, während die zwei Elektronen über den Verbraucher zur positiven Elektrode wandern. An dieser nimmt das Bleioxid PbO_2 die beiden Elektronen sowie vier Wasserstoffprotonen 4 H^+ aus der Schwefelsäure auf und bildet dadurch das Bleikation Pb_{2+} und zwei Wassermoleküle H_2O. Dies geschieht so lange, bis das Blei oder die Bleioxidschicht verbraucht ist. Die Bleikationen Pb_{2+} reagieren anschließend mit dem Elektrolyt zu Bleisulfad $PbSO_4$, welches sich an der Kathode des Akkus anlagert.

Damit ergibt sich folgende Gesamtreaktion für den Entladeprozess:

$$Pb + PbO_2 + 4\ H^+ + 2\ SO_4^{2-} \rightarrow 2\ PbSO_4 + 2\ H_2O$$

Beim Ladevorgang werden der positiven Elektrode des Akkus Elektronen entzogen. Das Blei im Bleisulfad $PbSO_4$ wird zu Bleioxid PbO_2 oxidiert. Die Elektronen wandern zur negativen Elektrode, wo das Bleisulfad $PbSO_4$ zu Blei reduziert wird.

Damit ergibt sich folgende Gesamtreaktion für den Ladeprozess:

$$2\ PbSO_4 + 2\ H_2O \rightarrow Pb + PbO_2 + 4\ H^+ + 2\ SO_4^{2-}$$

Die **Lithium-Ionen-Batterie** hat grundsätzlich denselben Aufbau (Abb. 10), wie die Blei-Säure-Batterie. Auch sie besteht aus zwei Elektroden, die in einem Elektrolyt durch einen Seperator voneinander getrennt sind. Die positive Elektrode besteht aus einem Lithium-Metalloxid. In ihr sind Schichten aus Lithium-Atomen eingelagert. Je mehr Lithium-Atome in die Elektrode eingelagert werden können, desto größer ist die Kapazität der Batterie. Die negative Elektrode kann beispielsweise aus Graphit bestehen. Der Seperator ist nur für Lithium-Ionen durchlässig und verhindert dadurch einen Kurzschluss.

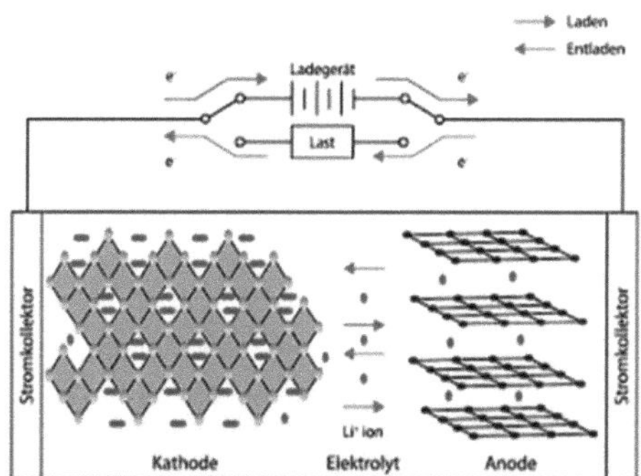

Abbildung 10: Lithiumbatterie - Aufbau und Funktionsweise
Quelle: Skript Energieversorgung SS21, S. 212

Wird die Batterie geladen, so wird an der negativen Elektrode ein Elektronenüberschuss erzeugt. Die Elektronen werden an der positiven Elektrode entzogen. Sie nehmen den Weg des geringsten Widerstands und fließen durch den Leiter. Dafür geben die eingelagerten Lithium-Atome ihre Elektronen ab. Die nun ionisierten Lithium-Atome können durch den Seperator wandern, um an der negativen Elektrode, wo ein Elektronenüberschuss herrscht, Elektronen aufzunehmen. Die Lithium-Atome sind damit in einem ungeladenen Zustand und lagern sich zwischen den Graphit-Molekülen ein.

Beim Entladen wird eine Last an den Stromkreis angeschlossen. Die Lithium-Atome geben an der negativen Elektrode Elektronen ab. Diese fließen über den Leiter zur Last und schließlich zur positiven Elektrode. Die ionisierten Lithium-Atome wandern wiederum durch den Seperator zur positiven Elektrode, wo sie durch die Aufnahme von Elektronen in einen ungeladenen Zustand zurückkehren.

2.2.2. Kosten für PV-Batteriespeicher und deren Förderung

Im Rahmen des „Wissenschaftliches Mess- und Evaluierungsprogramm Solarstromspeicher 2.0" (2017) der RWTH Aachen wurde die Entwicklung der durchschnittlichen Preise für Endverbrauchersysteme von Solarstromspeichern untersucht. In Abb. 11 ist über den Betrachtungszeitraum 2013-2017 zu erkennen, dass sowohl für Blei-Säure-Batterien als auch für Lithium-Ionen-Batterien die Preise gefallen sind. Um fast 50 % sind in diesem Zeitraum die Preise für PV-Speichersysteme mit Lithium-Ionen-Batterien gefallen. So lagen die durchschnittlichen Preise Ende 2016 bei ca. 1.600 €/kWh. Die günstigsten Speichersysteme liegen laut der Studie bereits unter 1.000 €/kWh.[16]

Im „Speichermonitoring BW" (2019) wird der durchschnittliche Preis für PV-Speichersysteme mit Lithium-Ionen-Batterien für das Jahr 2018 mit 1.400 €/kWh bemessen.[17]

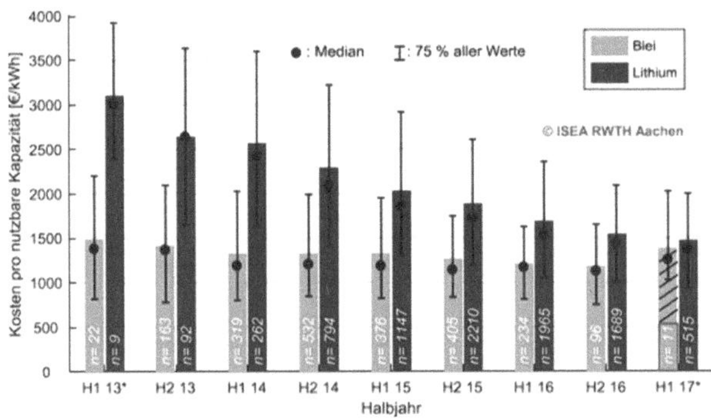

Abbildung 11: Entwicklung der durchschnittlichen Endverbrauchersystempreise von Solarstromspeichern von Mai 2013 bis April 2017 pro nutzbare Kilowattstunde
Quelle: Figgener, J. (2017), S. 47

Mit dem aktuellen Förderprogramm „Erneuerbare Energien - Standard" (270) sind Batteriespeicher durch die KfW förderbar. Auch hier handelt es sich um einen Kredit mit einem effektiven Jahreszins von 3,80 %.[18] Weiter bietet auch das Land Baden-Württemberg mit dem Förderprogramm „Netzdienliche Photovoltaik-Batteriespeicher" eine Möglichkeit an. Gefördert werden hier stationäre und netzdienliche Batteriespeicher, die in Verbindung mit einer PV-Anlage stehen. Batteriespeicher mit einer PV-Anlage bis zu 30 kWp erhalten so einen

---

[16] Vgl. Figgener, J. (2017), S. 47 f.
[17] Vgl. Figgener, J. (2019), S. 15
[18] Vgl. https://www.kfw.de/inlandsfoerderung/Unternehmen/Energie-Umwelt/F%C3%B6rderprodukte/Erneuerbare-Energien-Standard-(270)/?redirect=84480 (Zugriffsdatum: 15.11.2022)

Zuschuss in Form eines Festbetrags in Höhe von 200 €/kWh nutzbarer Speicherkapazität des Batteriespeichers. Das Ziel ist es, Speicherkapazitäten zu erhöhen und das Verteilnetz zu entlasten.[19]

2.3. PV-Batteriespeichersystem

2.3.1. Mögliche Aufbauweisen des PV-Batteriespeichersystems

PV-Anlage und Batteriespeicher können unterschiedlich miteinander verbunden werden. Die in Abb. 12 dargestellten Möglichkeiten AC-Kopplung (links) und DC-Kopplung (rechts) sollen in diesem Kapitel erläutert werden.

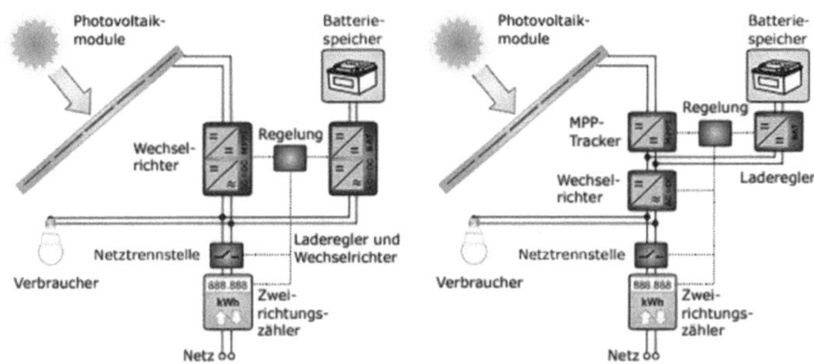

Abbildung 12: AC-gekoppeltes PV-Speichersystem (links) und DC-gekoppeltes PV-Speichersystem (rechts) Quelle: Weniger, J. (2015), S. 19

AC-Kopplung – Anschluss des Batteriesystems an den Wechselstromkreis

Wird die Batterie auf der Wechselstromseite gekoppelt, wird von einer AC-Kopplung gesprochen. Die Batterie ist dabei über das Wechselstromnetz des Hauses mit dem PV-System verbunden.[20] Der erzeugte PV-Strom wird von einem (bereits installierten) PV-Wechselrichter von Gleichstrom in Wechselstrom umgewandelt. Dieser Wechselstrom kann nun verbraucht oder über einen Zweirichtungszähler ins Netz eingespeist werden. Um den erzeugten PV-Strom in die Batterie einzuspeisen, muss der Wechselstrom durch den Batteriewechselrichter wieder in Gleichstrom umgewandelt werden. Soll der gespeicherte PV-Strom nun verbraucht oder ins Netz gespeist werden, so muss dieser erneut wechselgerichtet werden. Die (prognosebasierte) Regelungstechnik steuert die Stromflüsse des PV-Speichersystems.

Nachteilig an dieser Lösung sind die entstehenden Energieverluste durch die zweifache Transformation des PV-Stroms. Von Vorteil ist aber, dass die Komponenten PV-Anlage und

---

[19] Vgl. https://www.baden-wuerttemberg.de/de/service/presse/pressemitteilung/pid/foerderprogramm-netzdienliche-photovoltaik-batteriespeicher-wieder-aufgelegt-1/ (Zugriffsdatum: 15.11.2022)
[20] Vgl. Weniger, J. (2015), S. 18

Batteriespeicher durch die AC-Kopplung größtenteils unabhängig voneinander errichtet und dimensioniert werden können.[21] Für bestehende PV-Anlagen ist diese Art der Kopplung daher günstiger als die DC-Kopplung. Außerdem ermöglicht die AC-Kopplung die Zwischenspeicherung von Strom aus dem öffentlichen Netz.

DC-Kopplung – Anschluss des Batteriesystems an den Gleichstromkreis der PV-Anlage

Von einer DC-Kopplung wird gesprochen, wenn der Batteriespeicher an den Gleichstromkreis der PV-Anlage gekoppelt ist.[22] Von einem speziellen Wechselrichter wird der erzeugte PV-Strom in Wechselstrom umgewandelt und kann nun verbraucht oder über einen Zweirichtungszähler ins Netz eingespeist werden. Über den Batterieladeregler kann der erzeugte PV-Strom direkt in die Batterie eingespeichert werden. Die (prognosebasierte) Regelungstechnik steuert auch hier die Stromflüsse des PV-Speichersystems.

Die Spannungsniveaus des Batteriespeichers und des Wechselrichter-Zwischenkreises dürfen dafür aber nicht zu weit auseinander liegen. Ansonsten müsste ein DC-AC-DC-Wandler zwischengeschaltet werden. D.h. bei einer DC-Kopplung müssen die Komponenten des PV-Speichersystems genau aufeinander abgestimmt werden.[23] Außerdem wird ein spezieller Wechselrichter vom Anbieter des Speichersystems benötigt. Strom aus dem öffentlichen Netz kann bei dieser Art der Kopplung nicht zwischengespeichert werden. Von Vorteil ist der bessere Wirkungsgrad bei Einspeicherung durch die ausbleibenden Transformationsverluste. Die DC-Kopplung ist bei einer Neuanlage kostengünstiger.

2.3.2. Dimensionierung des PV-Batteriespeichersystems

Zielgrößen bei der Dimensionierung eines PV-Speichersystems sind ein möglichst hoher Eigenverbrauchsanteil und ein hoher Autarkiegrad. Dadurch soll der Bezug von aktuell teurerem Netzstrom vermieden werden. Außer der Größe der PV-Anlage und des Batteriespeichers hat letztlich aber auch der jährliche Stromverbrauch eines Haushalts einen wesentlichen Einfluss auf Eigenverbrauchsanteil und Autarkiegrad. Ein hoher Autarkiegrad ist auch für Haushalte von Bedeutung, die sich vor potenziellen Blackouts unabhängig machen wollen.

Abb. 13 soll dazu ein Beispiel geben. Dargestellt sind der Eigenverbrauchsanteil und der Autarkiegrad für einen exemplarischen Haushalt. Dieser hat einen Jahresstromverbrauch von 4000 kWh, eine PV-Anlage mit 4 kWp installierter Leistung und eine nutzbare Speicherkapazität von 4 kWh. Der Direktverbrauch und die Ladung des Batteriespeichers mit PV-Strom ergeben in diesem Beispiel einen Eigenverbrauchsanteil von 59%. Der Rest des

---

[21] Vgl. Weniger, J. (2015), S. 18
[22] Vgl. Weniger, J. (2015), S. 19
[23] Vgl. Weniger, J. (2015), S. 19

erzeugten PV-Stroms wird ins öffentliche Stromnetz eingespeist. Der Autarkiegrad ergibt sich aus dem genutzten PV-Strom aus Direktverbrauch und Batterieentladung in Relation zum Netzbezug. In diesem Beispiel hat der Haushalt einen Autarkiegrad von 56 %.

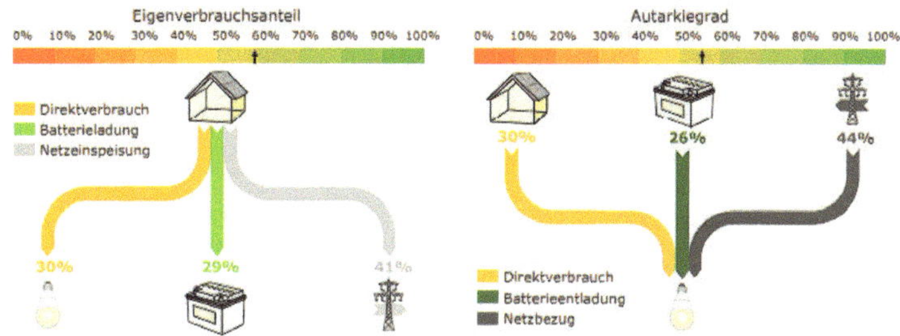

Abbildung 13: Nutzung des jährlichen PV-Stroms und Deckung des jährlichen Strombedarfs im Jahresdurchschnitt für einen Beispielhaushalt mit Jahresstrombedarf 4000 kWh, PV-Leistung 4 kWp und Speicherkapazität 4 kWh
Quelle: Weniger, J. (2015), S. 26

Wird weiter von einem konstanten Jahresstromverbrauch von 4.000 kWh ausgegangen, so ist vor allem die Leistung der PV-Anlage und die Kapazität des Batteriespeichers entscheidend bei der Dimensionierung des PV-Speichersystems. Abb. 14 zeigt, wie sich die unterschiedliche Dimensionierung von PV-Anlage und Batteriespeicher auf den Eigenverbrauchsanteil und den Autarkiegrad des betrachteten Beispielhaushalts auswirken.

So geht mit einer Erhöhung der PV-Leistung generell ein niedrigerer Eigenverbrauchsanteil einher. Zwar wird mehr PV-Strom als zuvor erzeugt, allerdings kann dieser immer weniger selbst verbraucht werden und muss daher vermehrt ins öffentliche Stromnetz eingespeist werden. Die gleichzeitige Erhöhung der Batteriespeicher-Kapazität kann diesen Effekt lediglich abmildern und erhöht den Eigenverbrauchsanteil ab einer gewissen PV-Leistung nur noch marginal.

Die Erhöhung der PV-Leistung sorgt generell für einen höheren Autarkiegrad. Es wird mehr PV-Strom erzeugt. Zwar muss ein Großteil davon ins öffentliche Stromnetz gespeist werden, allerdings kann mehr PV-Strom als vorher genutzt werden. Das verringert den benötigten Netzbezug. Der Autarkiegrad lässt sich bis zu einer gewissen Grenze von ca. 80% durch die Erhöhung der Speicherkapazität weiter erhöhen.

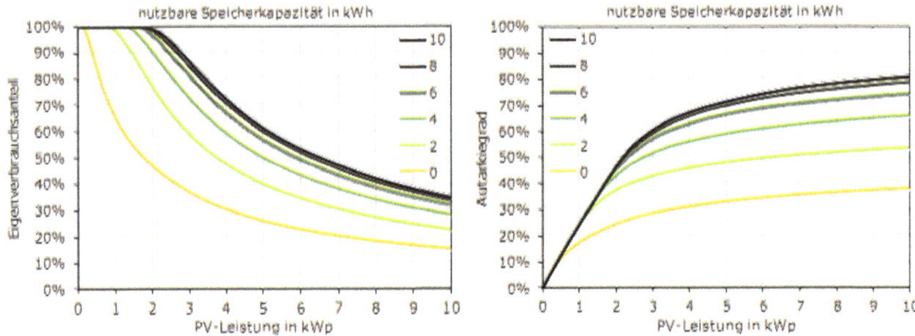

Abbildung 14: Einfluss der Normierung der Systemkomponenten auf den Eigenverbrauchsanteil und den Autarkiegrad im Jahresdurchschnitt bei einem Jahresstrombedarf von 4000 kWh
Quelle: Weniger, J. (2015), S. 29

Grund dafür ist die Dargebotsabhängigkeit der Photovoltaik. Wird Strom benötigt, die Sonne scheint nicht und der Batteriespeicher ist leer, so muss zwangsweise Strom vom öffentlichen Netz bezogen werden. Das passiert unabhängig von der Dimensionierung des PV-Batteriespeichersystems. Zu sehen ist das rechts in Abb. 15 für den betrachteten Beispielhaushalt. Vor allem in den Wintermonaten, wo der Stromverbrauch am größten ist, muss durch die Dargebotsabhängigkeit der Photovoltaik am meisten Strom vom Netz bezogen werden. Im Endeffekt lässt sich der Autarkiegrad ab einem gewissen Punkt nur noch durch die Senkung des Jahresstromverbrauchs erhöhen.

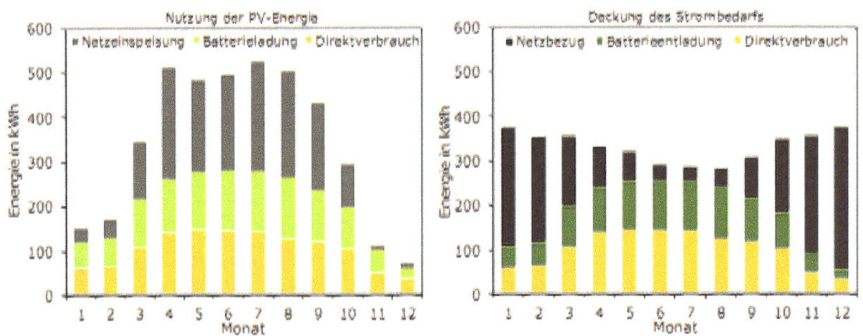

Abbildung 15: Monatlicher Verlauf der PV-Nutzung und Deckung des Strombedarfs für ein PV-Speichersystem mit Jahresstrombedarf 4000 kWh, PV-Leistung 4 kWp und Speicherkapazität 4 kWh
Quelle: Weniger, J. (2015), S. 25

Grundsätzlich zeigt sich, wie wichtig es ist, PV-Leistung und nutzbare Speicherkapazität an den Stromverbrauch eines Haushalts anzupassen. Nur so kann das PV-Speichersystem wirtschaftlich und mit der maximalen Effizienz betrieben werden.

2.3.3 Betriebsweisen des PV-Batteriespeichersystems

Ist es sonnig, so speisen zur Mittagszeit viele PV-Anlagen gleichzeitig ins Netz ein. Batteriespeicher können bei dieser Erzeugungsspitze Abhilfe leisten. Um die damit einhergehende Einspeisespitze effektiv zu senken kann der PV-Strom zwischengespeichert werden. Es wird auch von „Peak-Shaving" gesprochen. Die Verteilnetze werden dadurch entlastet, wodurch von einem netzdienlichen Batteriespeicher gesprochen werden kann. In Abb. 16 sind mögliche Betriebsweisen für PV-Speichersysteme schematisch dargestellt.

Mit der Betriebsstrategie „Ohne Einspeisebegrenzung" wird lediglich das Ziel der Eigenversorgungsoptimierung verfolgt. Sinkt der Stromverbrauch unter die Erzeugung der PV-Anlage, so wird die Batterie direkt geladen. Damit kann die Batterie bei entsprechender Wetterlage bereits am Vormittag vollständig geladen sein. Der Batteriespeicher wird nicht netzoptimiert betrieben und kann die Einspeisespitze nicht senken.[24]

Die Betriebsstrategie „Feste Einspeisebegrenzung durch Abregelung" setzt im Sinne des netzoptimierten Betriebs auf eine feste Einspeisebegrenzung. Dabei wird der Batteriespeicher eigenversorgungsoptimiert geladen. Allerdings wird während der Einspeisespitze die Netzeinspeiseleistung der PV-Anlage durch Abregelung begrenzt. Die PV-Anlage darf also nicht mit „voller Kraft" einspeisen. Falls der Batteriespeicher nun am Vormittag vollständig geladen ist, kann ein Teil des erzeugten PV-Stroms weder gespeichert noch ins Netz ausgespeist werden. Das ist zwar netzdienlich, allerdings durch den Verlust des nicht nutzbaren PV-Stroms nicht effizient.[25]

Im Fall der „Festen Einspeisebegrenzung" sollen diese Abregelungsverluste vermieden werden. Dafür werden nun zusätzlich Prognosen zur PV-Erzeugung und zum entsprechenden Stromverbrauch herangezogen. Wird wieder von einem sonnigen Tag ausgegangen, so wird morgens weniger PV-Strom in den Batteriespeicher und dafür mehr ins öffentliche Netz gespeist. Dadurch kann für die Einspeisespitze zur Mittagszeit eine entsprechende Batteriekapazität vorgehalten werden. Das PV-Batteriespeichersystem wird also sowohl eigenversorgungsoptimiert als auch netzoptimiert betrieben. Die feste Einspeisebegrenzung kann durch die herangezogenen Prognosen eingehalten und Abregelungsverluste dadurch vermieden werden.[26]

Mithilfe der „Dynamischen Einspeisebegrenzung" wird dieses Prinzip weiter ausgeweitet. Die Batterie wird hier nur geladen, sobald die Einspeisebegrenzung überschritten wird. Letztere ist dynamisch und wird mehrmals täglich anhand von Prognosen festgelegt. Ziel dieser

---

[24] Vgl. Weniger, J. (2015), S. 51
[25] Vgl. Weniger, J. (2015), S. 51
[26] Vgl. Weniger, J. (2015), S. 52

Betriebsstrategie ist es die Batterie im Laufe des Tages vollständig zu laden und dabei so wenig wie möglich ins öffentliche Netz einzuspeisen. Sinnvollerweise liegt die Einspeisebegrenzung morgens höher. Es darf mehr ins Netz ausgespeist werden und die Batterie muss nicht geladen werden. Mittags liegt die Einspeisebegrenzung niedriger. Zur Senkung der Einspeisespitze darf damit weniger ins Netz ausgespeist werden. Stattdessen wird der PV-Strom in die Batterie eingespeichert. Im Gegensatz zur „Festen Einspeisebegrenzung" kann bei der „Dynamischen Einspeisebegrenzung" die volle Batteriekapazität zu Senkung der Einspeisespitze genutzt werden.[27]

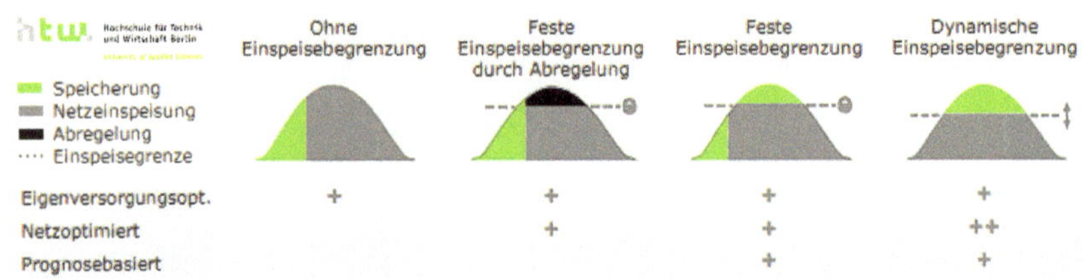

Abbildung 16: Schematische Darstellung verschiedener Betriebsstrategien für PV-Speichersysteme
Quelle: Weniger, J. (2015), S. 51

Im Zuge der Verbreitung der E-Mobilität werden in Zukunft viele E-Autos in die Haushalte integriert werden müssen. Ein E-Auto wäre nun ein großer zusätzlicher Verbraucher und würde die erläuterten Betriebsstrategien des PV-Batteriespeichersystems größtenteils hinfällig machen. Das E-Auto würde den im PV-Batteriespeicher gespeicherten PV-Strom praktisch im Alleingang verbrauchen, sobald dieses geladen wird. Die ursprüngliche Planung, den zwischengespeicherten Strom zum Beispiel abends zu nutzen, wäre somit hinfällig.

Ziel müsste es also sein, die Batteriekapazität des E-Autos mit den Komponenten PV-Anlage und PV-Batteriespeicher in Einklang zu bringen. Nutzt man beispielsweise das E-Auto ebenfalls als Zwischenspeicher für den erzeugten PV-Strom (Bidirektionales Laden), so ist es möglich den PV-Batteriespeicher kleiner zu dimensionieren.

2.3.4. Kosten eines PV-Batteriespeichersystems

Wie in den Kapiteln 2.1.2. und 2.2.2. erläutert, sind sowohl die Preise für PV-Anlagen als auch für PV-Batteriespeicher in den letzten Jahren deutlich gefallen. Das liegt vor allem an der stetigen Weiterentwicklung und Verbreitung der Technologien, wodurch die typische Preis-Erfahrungskurve einhergeht.

Die Marktstudie „Energy Business Lab" (2016) von BüroF untersuchte die Kosten für eine PV-Anlage in Verbindung mit einem Batteriespeicher. In Abb.17 sind die prognostizierten

---

[27] Vgl. Weniger, J. (2015), S. 52

Stromgestehungskosten für PV-Strom und dessen Speichergestehungskosten aufgetragen. Aufsummiert (PV+Speicher) ergeben diese die Vollkosten für ein PV-Batteriespeichersystem. Dem entgegen steht der Haushaltsstrompreis, der einmal mit einer konstanten Preissteigerung und einmal mit einer langsameren Preissteigerung prognostiziert wird.

Nach den in Abb. 17 dargestellten Ergebnissen der Studie soll im Jahr 2017-2018 die sogenannte „Speicherparität" erreicht worden sein. D.h. die Vollkosten für ein PV-Batteriespeichersystem sind in diesem Zeitraum erstmalig unterhalb des Haushaltsstrompreises gefallen. Es ist damit günstiger den erzeugten PV-Strom zwischenzuspeichern und dann zu verbrauchen, als Haushaltsstrom über das öffentliche Netz zu beziehen. Damit wird die Integration eines Batteriespeichers wirtschaftlich.

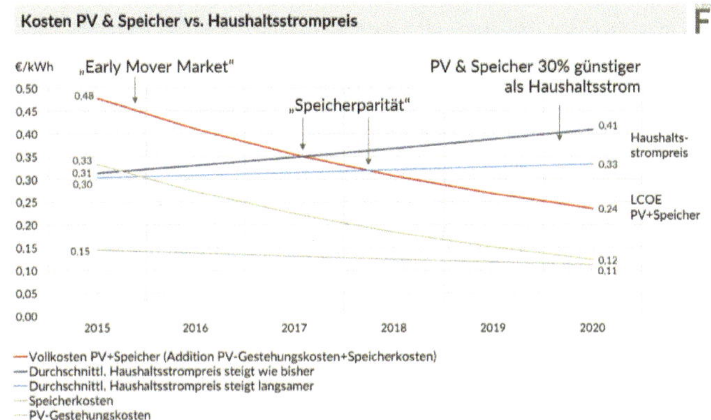

Abbildung 17: Stromgestehungskosten PV-Anlage, Batteriespeicher und PV-Batteriespeichersystem vs. Haushaltsstrompreis gestiegen wie bisher oder stärker gestiegen
Quelle: BüroF (2016), S. 51

Dies unterstreicht auch die steigende Anzahl an Neuinstallationen von Batteriespeichern in Deutschland. Eine Studie der „EUPD Research" (2020) zu Heimspeichern in Deutschland zeigte, dass sich die Anzahl an installierten Batteriespeichern von 96.000 im Jahr 2017 auf 206.000 Speichersysteme im Jahr 2019 mehr als verdoppelt hat. Auch die Anzahl an Neuinstallationen hat sich mit 37.500 im Jahr 2017, 45.000 im Jahr 2018 und 65.000 im Jahr 2019 stark erhöht. In der Studie wurden sowohl Neuinstallationen als auch Nachrüstsysteme für bestehende PV-Anlagen berücksichtigt.[28]

---

[28] Vgl. https://www.eupd-research.com/ende-2019-sind-gut-200000-heimspeicher-in-deutschland-installiert/ (Zugriffsdatum: 16.11.2022)

3. Projektbezogener Teil

In diesem Kapitel soll nun ein konkreter Anwendungsfall betrachtet werden. Nach einer kurzen Vorstellung des Projekts mit den wichtigsten Eckdaten, folgt eine Projektierung der PV-Anlage sowohl mit als auch ohne Batteriespeicher. Diese beiden Optionen werden am Ende des Kapitels miteinander verglichen.

3.1. Vorstellung des Projektes – Gründe, Eckdaten und Annahmen

Im Anwendungsfall handelt es sich um ein Einfamilienhaus eines 5-Personen-Haushalts. Die Familie möchte sich in Zukunft stärker selbst mit Strom versorgen, um vor allem die hohen Haushaltsstrompreise zu vermeiden. Außerdem erhofft sich die Familie durch die Investition in eine PV-Anlage (mit Batteriespeicher) eine größere Unabhängigkeit vom öffentlichen Stromnetz und möchte einen Teil zur Energiewende leisten. Im Folgenden sind die wichtigsten Daten des Projektes aufgelistet:

	Bezeichnung	*Wert*
Haus		
	gesamte Dachfläche	48 m²
	nutzbare Dachfläche	24 m²
	Dachneigung	35 °
	Dachausrichtung	Süden – 190 °
	Einbausituation	gut hinterlüftet
	Verschattung	5 %
	Gesamtverbrauch (Jahr)	4.000 kWh
	Spitzenlast	1,1 kW
	Stromlieferant	Stadtwerke
	Haushaltsstrompreis	0,3147 €/kWh
	CO_2-Emissionen nach Haushaltsstrom-Energieträgermix	286 g/kWh = 0,286 kg/kWh
	Einspeisevergütung nach EEG	0,122 €/kWh
PV-Anlage		
	Hersteller	LG Electronics Inc.
	Modulname	LG NeON2 R (335N1C-A5)
	Art (Zelltyp)	monokristallin
	Anzahl Module	14
	Modulfläche	1.700x1016x40 (LxBxT, mm)
	PV-Generatorfläche	24 m²
	Modulleistung	365 Watt
	PV-Gesamtleistung	14 x x365 Watt = 5,11 kWp
	Modulwirkungsgrad	21,1 %
	Einzelpreis	341,31 €
	alle Module Preis	14 x 341,31 € = 4.778,34 €
Batteriespeicher		

	Hersteller	BYD
	Batteriename	B-Box H 6.4
	Art	Lithium-Ionen-Batterie
	Größe	580x894x380 (LxBxT, mm)
	Gewicht	148 kg
	Nutzbare Energie	6,40 kWh
	Max. Ausgangsleistung	6,40 kW
	Nominalspannung	256 V
	Spannungsbereich	200-282 V
	Entladetiefe	100 %
	Wirkungsgrad	96 %
	Vollzyklen	6.570 (erste 10 Jahre 3.650 Vollzyklen; weitere 10 Jahre 80 %)
	Preis	3.805,13 €
PV-Wechselrichter		
	Hersteller	SMA
	Gerätename	SUNNYBOY 5.0
	Max. DC-Leistung	7.500 Wp
	Max. Wirkungsgrad	97 %
	Preis	1.053,94 €
Batterie-Wechselrichter		
	Hersteller	SMA
	Gerätename	SMA SUNNYBOY Storage
	Max. DC-Leistung	2.650 W
	Max. Wirkungsgrad	96,8 %
	Preis	979,11 €
Überwachung/Steuerung (Energiemanager)		
	Hersteller	SMA
	Gerätename	SMA Sunny Home Manager
	Preis	987,43 €
Montage PV-Anlage		
	Preis	2.934,32 €
Installation		
	Preis	833,60 €
Leistungsoptimierer		
	Preis	1.216,90 €
Netzanschluss		
	Preis	1.632,80 €

Tabelle 3: Eckdaten des Projekts PV-Anlage ohne bzw. mit Batteriespeicher
Quelle: Eigene Darstellung

3.2. Projektierung PV-Anlage ohne PV-Batteriespeicher

Nun soll die gegebene netzgekoppelte PV-Anlage zunächst ohne Batteriespeicher projektiert werden. Dafür werden die wichtigsten Performance-Werte der PV-Anlage berechnet.

- **Voraussichtlicher Jahresertrag:**

Jahresertrag	= Globalstrahlung[29] x Anlagengröße x Anlagenwirkungsgrad
	= 1.160 kWh/m²/Jahr x 24 m² x 20,26 %
	= 5.640,38 kWh/Jahr
Spez. Jahresertrag	= Jahresertrag / Anlagenleistung
	= 5.640,38 kWh/Jahr / 5,11 kWp
	= 1.103,79 kWh/kWp/Jahr
Anlagenwirkungsgrad	= η Modul x η PV-Wechselrichter x η Kabel
	= 21,1 % x 97 % x 0,99 %
	= 20,26 %

- **PV-Stromgestehungskosten:**

PV-Stromgestehungskosten	= (Investitionssumme / 20 Jahre + jährliche Betriebskosten) / Jahresertrag
	= (12.603,73 € / 20 Jahre + 126,04 €) / 5.640,38 kWh/Jahr
	= 0,13 €/kWh
Investitionssumme	= PV-Module + PV-Wechselrichter + Energiemanager + Leistungsoptimierer + Netzanschluss + Montage PV
	= 4.778,34 € + 1.053,94 € + 987,43 € + 1.216,90 € + 1.632,80 € + 2.934,32 €
	= 12.603,73 €
Jährliche Betriebskosten	= 1 % x Investitionssumme
	= 1 % x 12.603,73 €
	= 126,04 €

- **Vermiedener Netzbezug:**

Eigenverbrauchsanteil	= 25 % (übernommen aus Abb. 14, S. 15)

---

[29] Vgl. https://www.dwd.de/DE/leistungen/solarenergie/strahlungskarten_mvs.html#buehneTop (Zugriffsdatum: 22.11.2022)

Eigenverbrauch	= 25 % x 5.640,38 kWh/Jahr
	= 1.410,095 kWh/Jahr
Wert des verm. Netzbezugs	= Eigenverbrauch x Haushaltsstrompreis
	= 1.410,095 kWh/Jahr x 0,3147 €/kWh
	= 443,76 €/Jahr

Kosteneinsparung durch
vermiedenen Netzbezug   = Wert des verm. Netzbezugs - (Eigenverbrauch x

PV-Stromgestehungskosten)

= 443,76 €/Jahr - (1.410,095 kWh/Jahr x 0,13 €/kWh)

= 260,44 €/Jahr

Vermiedene CO_2-Emissionen = Eigenverbrauch x CO_2-Faktor Haushaltsstrom

= 1.410,095 kWh/Jahr x 0,286 kg/kWh

= 403,29 kg/Jahr

- **Netzeinspeisung:**

Netzeinspeisung   = (1-0,25) x 5.640,38 kWh/Jahr

= 4.230,285 kWh/Jahr

Einspeisevergütung   = Netzeinspeisung x Vergütungssatz nach EEG

= 4.230,285 kWh/Jahr x 0,122 €/kWh

= 516,09 €/Jahr

- **Autarkie:**

Autarkiegrad   = eigenverbrauchter PV-Strom / Haushaltsverbrauch

= 1.410,095 kWh/Jahr / 4.000 kWh/Jahr

= 35,25 %

- **Wirtschaftlichkeit:**

Investitionssumme   = 12.603,73 €

Amortisationsdauer   = 13,74 Jahre

Kumulierter Cashflow   = 6.342,68 €

Gesamtkapitalrendite   = Gewinn pro Jahr / Gesamtkapital

= (6.342,68 € / 20 Jahre) / 12.603,73 €

= 2,58 %

Annahmen zur Berechnung des Cashflows:

Die Moduldegeneration liegt nach 20 Jahren bei 10 %. Es wird mit einer durchschnittlichen Moduldegeneration von 0,5 %/Jahr gerechnet. Dies führt zu einer geringeren Stromproduktion der PV-Anlage und damit zu geringeren Einspeisevergütungen. Die Preissteigerungsrate soll bei 2,5 % liegen. Damit sollen die sich erhöhenden Strompreise im Betrachtungszeitraum passend abgebildet werden. Die Betriebskosten werden als kontant betrachtet.

Cashflow PV-Anlage	Moduldegeneration Preissteigerungsrate	0,5 %/Jahr 2,5%/Jahr	1,025

	Jahr 1	Jahr 2	Jahr 3	Jahr 4	Jahr 5
Investitionen	- 12.303,73 €	- €	- €	- €	- €
Betriebskosten	- 126,04 €	- 126,04 €	- 126,04 €	- 126,04 €	- 126,04 €
Einspeisevergütung	516,09 €	513,51 €	510,93 €	508,35 €	505,77 €
Wert vermiedener Strombezug	443,76 €	454,85 €	466,23 €	477,88 €	489,83 €
Jährlicher Cashflow	**- 11.469,92 €**	**842,32 €**	**851,11 €**	**860,19 €**	**869,56 €**
Kumulierter Cashflow	- 11.469,92 €	- 10.627,60 €	- 9.776,48 €	- 8.916,29 €	- 8.046,74 €

	Jahr 6	Jahr 7	Jahr 8	Jahr 9	Jahr 10
Investitionen	- €	- €	- €	- €	- €
Betriebskosten	- 126,04 €	- 126,04 €	- 126,04 €	- 126,04 €	- 126,04 €
Einspeisevergütung	503,19 €	500,61 €	498,03 €	495,45 €	492,87 €
Einsparungen Nicht-Strombezug	502,07 €	514,63 €	527,49 €	540,68 €	554,20 €
Jährlicher Cashflow	**879,22 €**	**889,19 €**	**899,48 €**	**910,08 €**	**921,02 €**
Kumulierter Cashflow	- 7.167,51 €	- 6.278,32 €	- 5.378,84 €	- 4.468,76 €	- 3.547,74 €

	Jahr 11	Jahr 12	Jahr 13	Jahr 14	Jahr 15
Investitionen	- €	- €	- €	- €	- €
Betriebskosten	- 126,04 €	- 126,04 €	- 126,04 €	- 126,04 €	- 126,04 €
Einspeisevergütung	490,29 €	487,71 €	485,12 €	482,54 €	479,96 €
Einsparungen Nicht-Strombezug	568,05 €	582,25 €	596,81 €	611,73 €	627,02 €
Jährlicher Cashflow	**932,30 €**	**943,92 €**	**955,89 €**	**968,23 €**	**980,94 €**
Kumulierter Cashflow	- 2.615,44 €	- 1.671,53 €	- 715,63 €	252,60 €	1.233,54 €

	Jahr 16	Jahr 17	Jahr 18	Jahr 19	Jahr 20
Investitionen	- €	- €	- €	- €	- €
Betriebskosten	- 126,04 €	- 126,04 €	- 126,04 €	- 126,04 €	- 126,04 €
Einspeisevergütung	477,38 €	474,80 €	472,22 €	469,64 €	467,06 €
Einsparungen Nicht-Strombezug	642,70 €	658,76 €	675,23 €	692,11 €	709,42 €
Jährlicher Cashflow	**994,04 €**	**1.007,53 €**	**1.021,42 €**	**1.035,72 €**	**1.050,44 €**
Kumulierter Cashflow	2.227,58 €	3.235,11 €	4.256,53 €	5.292,24 €	6.342,68 €

Abbildung 18: Cashflow Projektierung PV-Anlage ohne Batteriespeicher
Quelle: Eigene Darstellung

3.3. Projektierung PV-Anlage mit PV-Batteriespeicher

Im folgenden Kapitel wird die gegebene netzgekoppelte PV-Anlage mit Batteriespeicher projektiert. Nach dem Prinzip der Eigenbedarfsoptimierung soll mit dem Batteriespeicher die Unabhängigkeit vom öffentlichen Stromnetz gesteigert werden. Aufgrund der im Vergleich zur PV-Anlage hohen Kapazität des Batteriespeichers wird für das PV-Batteriespeichersystem eine AC-Kopplung angewandt. Im Rahmen der Projektierung werden die wichtigsten Performance-Werte der PV-Anlage in Kombination mit dem Batteriespeicher berechnet.

- **Voraussichtlicher Jahresertrag:**

Jahresertrag	= Globalstrahlung x Anlagengröße x Anlagenwirkungsgrad
	= 1.160 kWh/m²/Jahr x 24 m² x 20,26 %
	= 5.640,38 kWh/Jahr
Spez. Jahresertrag	= Jahresertrag / Anlagenleistung
	= 5.640,38 kWh/Jahr / 5,11 kWp
	= 1.103,79 kWh/kWp/Jahr
Anlagenwirkungsgrad	= η Modul x η PV-Wechselrichter x η Kabel
	= 21,1 % x 97 % x 0,99 %
	= 20,26 %

- **PV-Stromgestehungskosten:**

PV-Stromgestehungskosten	= (Investitionssumme / 20 Jahre + jährliche Betriebskosten) / Jahresertrag
	= (12.603,73 € / 20 Jahre + 126,04 €) / 5.640,38 kWh/Jahr
	= 0,13 €/kWh
Investitionssumme PV	= PV-Module + PV-Wechselrichter + Energiemanager + Leistungsoptimierer + Netzanschluss + Montage PV
	= 4.778,34 € + 1.053,94 € + 987,43 € + 1.216,90 € + 1.632,80 € + 2.934,32 €
	= 12.603,73 €
Jährliche Betriebskosten	= 1 % x Investitionssumme PV
	= 1 % x 12.603,73 €
	= 126,04 €

- **Einspeicherkosten:**

Batterie-Einspeicherkosten	= (Investitionssumme Batterie + erwartete Betriebskosten) / (Nutzbare Kapazität x Vollzyklen x Wirkungsgrad Batterie)
	= (5.617,84 € + 1.123,6 €) / (6,4 kWh x 6570 x 96 %)
	= 0,17 €/kWh

Investitionssumme Batterie	= Batteriespeicher + Batterie-Wechselrichter + Installation
	= 3.805,13 € + 979,11 € + 833,60 €
	= 5.617,84 €
Jährliche Betriebskosten	= 1 % x Investitionssumme Batterie
	= 1 % x 5.617,84 €
	= 56,18 € /Jahr (in 20 Jahren: 1.123,6 €)

- **Gesamtstromgestehungskosten des PV-Batteriespeichersystems**:

Vollkosten pro kWh	= PV-Stromgestehungskosten + Batterie-Einspeicherkosten
	= 0,13 €/kWh + 0,17 €/kWh
	= 0,30 €/kWh

- **Vermiedener Netzbezug**:

Eigenverbrauchsanteil	= 57 % (übernommen aus Abb. 14, S. 15)

➔ Direktverbrauch: 25 % (entspricht dem Eigenbedarfsanteil aus der Projektierung ohne Batteriespeicher)

➔ Batterieladung: 32 %

Eigenverbrauch	= 57 % x 5.640,38 kWh/Jahr
	= 3.215,02 kWh/Jahr

➔ Direktverbrauch = 25 % x 5.640,38 kWh/Jahr = 1.410,095 kWh/Jahr
➔ Batterieladung = 32 % x 5.640,38 kWh/Jahr = 1.804,935 kWh/Jahr

Wert des verm. Netzbezugs	= Eigenverbrauch x Haushaltsstrompreis
	= 3.215,02 kWh/Jahr x 0,3147 €/kWh
	= 1011,77 €/Jahr

Kosteneinsparung durch
vermiedenen Netzbezug
= Wert des verm. Netzbezugs - (Direktverbrauch
x PV-Stromgestehungskosten + Batterieladung x
Vollkosten pro kWh)
= 1011,77 €/Jahr - (1.410,095 kWh/Jahr x 0,13 €/kWh +
1.804,935 kWh/Jahr x 0,30 €kWh)
= 286,98 €/Jahr

Vermiedene CO_2-Emissionen	= Eigenverbrauch x CO_2-Faktor Haushaltsstrom
	= 3.215,02 kWh/Jahr x 0,286 kg/kWh
	= 919,5 kg/Jahr

- **Netzeinspeisung**:

Netzeinspeisung	= (1-0,57) x 5.640,38 kWh/Jahr
	= 2.425,36 kWh/Jahr
Einspeisevergütung	= Netzeinspeisung x Vergütungssatz nach EEG
	= 2.425,36 kWh/Jahr x 0,122 €/kWh
	= 295,9 €/Jahr

- **Autarkie**:

Autarkiegrad	= eigenverbrauchter PV-Strom / Haushaltsverbrauch
	= 3.215,02 kWh/Jahr / 4.000 kWh/Jahr
	= 80,38 %

- **Wirtschaftlichkeit**:

Investitionssumme gesamt	= Investitionssumme PV + Investitionssumme Batterie
	= 12.603,73 € + 5.617,84 €
	= 18.221,57 €
Jährliche Betriebskosten	= 126,04 € + 56,18 € = 182,22 €
Amortisationsdauer	= 14,03 Jahre
Kumulierter Cashflow	= 9.616,24 €
Gesamtkapitalrendite	= Gewinn pro Jahr / Gesamtkapital
	= (9.616,24 € / 20 Jahre) / 18.221,57 €
	= 2,64 %

Annahmen zur Berechnung des Cashflows:

Die Moduldegeneration liegt nach 20 Jahren bei 10 %. Es wird mit einer durchschnittlichen Moduldegeneration von 0,5 %/Jahr gerechnet. Dies führt zu einer geringeren Stromproduktion der PV-Anlage und damit zu geringeren Einspeisevergütungen. Die Preissteigerungsrate soll bei 2,5 % liegen. Damit sollen die sich erhöhenden Strompreise im Betrachtungszeitraum passend abgebildet werden. Die Betriebskosten werden als kontant betrachtet.

Cashflow	Moduldegeneration	0,5 %/Jahr		
	Preissteigerungsrate	2,5%/Jahr		1,025
PV-Batteriespeichersystem				

	Jahr 1	Jahr 2	Jahr 3	Jahr 4	Jahr 5
Investitionen	- 18.221,57 €	- €	- €	- €	- €
Betriebskosten	- 182,22 €	- 182,22 €	- 182,22 €	- 182,22 €	- 182,22 €
Einspeisevergütung	295,90 €	294,42 €	292,94 €	291,46 €	289,98 €
Wert vermiedener Strombezug	1.011,77 €	1.037,06 €	1.062,99 €	1.089,57 €	1.116,80 €
Jährlicher Cashflow	**- 17.096,12 €**	**1.149,26 €**	**1.173,71 €**	**1.198,81 €**	**1.224,57 €**
Kumulierter Cashflow	- 17.096,12 €	- 15.946,86 €	-14.773,14 €	- 13.574,34 €	- 12.349,77 €

	Jahr 6	Jahr 7	Jahr 8	Jahr 9	Jahr 10
Investitionen	- €	- €	- €	- €	- €
Betriebskosten	- 182,22 €	- 182,22 €	- 182,22 €	- 182,22 €	- 182,22 €
Einspeisevergütung	288,50 €	287,02 €	285,54 €	284,06 €	282,58 €
Einsparungen Nicht-Strombezug	1.144,72 €	1.173,34 €	1.202,68 €	1.232,74 €	1.263,56 €
Jährlicher Cashflow	**1.251,01 €**	**1.278,15 €**	**1.306,00 €**	**1.334,59 €**	**1.363,93 €**
Kumulierter Cashflow	- 11.098,76 €	- 9.820,62 €	- 8.514,62 €	- 7.180,03 €	- 5.816,10 €

	Jahr 11	Jahr 12	Jahr 13	Jahr 14	Jahr 15
Investitionen	- €	- €	- €	- €	- €
Betriebskosten	- 182,22 €	- 182,22 €	- 182,22 €	- 182,22 €	- 182,22 €
Einspeisevergütung	281,11 €	279,63 €	278,15 €	276,67 €	275,19 €
Einsparungen Nicht-Strombezug	1.295,15 €	1.327,53 €	1.360,72 €	1.394,74 €	1.429,60 €
Jährlicher Cashflow	**1.394,04 €**	**1.424,94 €**	**1.456,64 €**	**1.489,18 €**	**1.522,57 €**
Kumulierter Cashflow	- 4.422,07 €	- 2.997,13 €	- 1.540,49 €	- 51,30 €	1.471,27 €

	Jahr 16	Jahr 17	Jahr 18	Jahr 19	Jahr 20
Investitionen	- €	- €	- €	- €	- €
Betriebskosten	- 182,22 €	- 182,22 €	- 182,22 €	- 182,22 €	- 182,22 €
Einspeisevergütung	273,71 €	272,23 €	270,75 €	269,27 €	267,79 €
Einsparungen Nicht-Strombezug	1.465,34 €	1.501,98 €	1.539,53 €	1.578,02 €	1.617,47 €
Jährlicher Cashflow	**1.556,83 €**	**1.591,99 €**	**1.628,06 €**	**1.665,06 €**	**1.703,04 €**
Kumulierter Cashflow	3.028,10 €	4.620,09 €	6.248,14 €	7.913,21 €	9.616,24 €

Abbildung 19: Cashflow Projektierung PV-Anlage mit Batteriespeicher
Quelle: Eigene Darstellung

3.4. Vergleich der beiden Projektierungen

In Tabelle 4 werden die wichtigsten Performance-Werte der beiden Projektierungen einander gegenübergestellt.

Der voraussichtliche Jahresertrag der PV-Anlage ist mit 5.640,38 kWh/Jahr jeweils derselbe. Die Nutzung des PV-Stroms ändert sich aber mit der Projektierung. So steigt der Eigenverbrauchsanteil durch die zusätzliche Installation eines Batteriespeichers von 25 % auf 57 %. Der Haushalt kann also wesentlich mehr vom erzeugten PV-Strom selbst nutzen, die Ausspeisung ins Netz sinkt. In der Folge steigt durch den Batteriespeicher auch der Autarkiegrad von 35,25 % auf 80,38 %. Den Jahresstromverbrauch von 4.000 kWh kann der Haushalt damit zu großen Teilen selbst decken und wird damit deutlich unabhängiger in der Stromversorgung. Zudem werden mehr CO^2-Emissionen vermieden.

Die reinen PV-Stromgestehungskosten liegen bei 0,13 €/kWh. In Verbindung mit einem Batteriespeicher liegen die Stromgestehungskosten (PV+Speicher) bei 0,30 €/kWh. Für beide Projektierungen wurde ein Haushaltsstrompreis von 0,3147 €/kWh gesetzt. Damit liegen für beide Projektierungen die Stromgestehungskosten unterhalb des Haushaltsstrompreises. Der Eigenverbrauch ist somit jeweils wirtschaftlich und sinnvoll. Es ist günstiger den PV-Strom (zwischenzuspeichern und) selbst zu nutzen, als diesen vom öffentlichen Stromnetz teurer zu beziehen. Das Projekt stammt wie bereits erwähnt aus dem Jahr 2018. Bei den aktuellen Haushaltsstrompreisen mit Arbeitspreisen über 0,40 €/kWh lohnt sich der Eigenverbrauch umso mehr.

Rein wirtschaftlich unterscheiden sich die beiden Projektierungen nur leicht. So liegt die Amortisationsdauer jeweils bei ca. 14 Jahren. Bei einer Investitionssumme von 12.603,73 € gelangt die Projektierung ohne Batteriespeicher zu einem kumulierten Cashflow von 6.342,68 €. Mit dem PV-Batteriespeichersystem geht eine Investitionssumme von 18.221,57 € und einem kumulierten Cashflow von 9.616,24 € einher. Die Gesamtkapitalrenditen sind mit 2,58 % (ohne Batteriespeicher) und 2,64 % (mit Batteriespeicher) damit ähnlich.

Wert	PV-Anlage	PV-Batteriespeichersystem
Jahresertrag	5.640,38 kWh/Jahr	5.640,38 kWh/Jahr
Jahresstromverbrauch	4.000 kWh/Jahr	4.000 kWh/Jahr
Haushaltsstrompreis	0,3147 €/kWh	0,3147 €/kWh
Einspeisevergütung nach EEG	0,122 €/kWh	0,122 €/kWh
Eigenverbrauchsanteil	25 %	57 %
Eigenverbrauchsmenge	1.410,095 kWh/Jahr	3.215,02 kWh/Jahr
Autarkiegrad	35,25 %	80,38 %
Stromgestehungskosten	0,13 €/kWh	0,13 €/kWh + 0,17 €/kWh = 0,30 €/kWh
Gesamte Investitionskosten	12.603,73 €	18.221,57 €
Jährliche Betriebskosten	126,04 €	182,22 €
Amortisationsdauer	13,74 Jahre	14,03 Jahre
Kumulierter Cashflow	6.342,68 €	9.616,24 €
Gesamtkapitalrendite	2,58 %	2,64 %
Vermiedene CO_2-Emissionen	403,29 kg/Jahr	919,5 kg/Jahr

Letztlich entschied sich der Haushalt für die Projektierung des PV-Batteriespeichersystems.

Ein Ziel des Haushalts (siehe Kap 3.1.) ist die stärkere Unabhängigkeit vom öffentlichen Stromnetz. Durch die Installation eines Batteriespeichers wird eine deutlich höhere Eigenbedarfsquote und ein deutlich höherer Autarkiegrad erreicht. Die

Stromgestehungskosten liegen auch mit Batteriespeicher unterhalb des Haushaltsstrompreises. Der Haushalt kann damit den eigenen PV-Strom günstiger nutzen und den im Vergleich teureren Haushaltsstrom umgehen. Wie im Cashflow (Abb. 19) zu erkennen, spart das vor allem bei in Zukunft weiter steigenden Strompreisen viel Geld ein. Ein weiterer Grund für die erhöhte Eigennutzung des PV-Stroms ist der EEG-Vergütungssatz. Dieser liegt mittlerweile so niedrig und deutlich unterhalb des Haushaltsstrompreises, dass eine hohe Ausspeisung ins Stromnetz ohnehin nicht mehr stark vergütet wird. Der Haushalt würde für den Bezug von Haushaltsstrom mehr bezahlen, als dieser für den eingespeisten PV-Strom erhalten würde.

4. Fazit

Das konkrete Projekt zeigt, dass die Integration eines Batteriespeichers in das System der PV-Anlage mittlerweile absolut sinnvoll ist. Das geht auch damit einher, dass sich das technische Leistungsvermögen solcher Batteriespeicher in den vergangenen Jahren stark weiterentwickelt hat. Mit dem steigenden Verbreitungsgrad sind auch die Preise und damit die Investitionskosten gesunken. Hohe und weiter steigende Haushaltsstrompreise sowie niedrige EEG-Vergütungssätze sind weitere Aspekte, die die Installation eines Batteriespeichers sinnvoll machen. Entsprechende Haushalte werden dadurch autarker. Die aktuelle Energiekrise und Verunsicherung in der Bevölkerung könnten diese „Autarkie-Entwicklung" der Haushalte noch weiter verstärken.

Weiter sind mit einem Batteriespeicher aber noch andere Anwendungen denkbar als die reine Eigenbedarfsoptimierung. Durch die Vernetzung vieler einzelner Batteriespeicher in einem virtuellen Kraftwerk ist beispielsweise die Teilnahme am Regelenergiemarkt möglich. Die Batterie-Besitzer stellen dabei einen Teil ihrer Batteriekapazität zur Vermarktung zur Verfügung. Das virtuelle Kraftwerk kann dann mithilfe dieser Kapazitäten positive und negative Primärregelleitung auf dem Markt anbieten und damit für ein stabiles Stromnetz sorgen. Von dieser zusätzlichen Einnahmequelle profitiert auch der Batterie-Besitzer. Anbieter solcher virtuellen Batteriekraftwerke ist beispielsweise die „sonnen GmbH" aus Wildpoldsried im Allgäu. Verbreitet ist diese Anwendung allerdings noch nicht. Damit ein Batteriespeicher allgemein auch Strom aus dem öffentlichen Stromnetz aufnimmt und abgibt sind nämlich flexible Stromtarife nötig.

Installieren immer mehr Haushalte einen Batteriespeicher in Verbindung zur eigenen PV-Anlage, so beziehen diese wesentlich weniger Strom vom Netz. Über den Strompreis und die darin enthaltenen Netzentgelte wird die Netz-Infrastruktur finanziert. Die Kosten zur Erhaltung der Infrastruktur fallen für den Netzbetreiber unabhängig vom Verbrauch an. Um diese Kosten zu decken, steigen bei sinkendem Netzbezug damit die Netzentgelte. Dadurch werden Haushalte mit reinem Strombezug stärker mit den Netzentgelten belastet. Das scheint nicht fair zu sein, da auch Haushalte mit PV-Anlage und Batteriespeicher weiterhin auf eine intakte Netz-Infrastruktur angewiesen sind. Reine Strombezugskunden werden benachteiligt. Seitens der zunehmend autarken Haushalte wird deswegen von einer „Entsolidarisierung" gesprochen. Aus dieser Seminararbeit ergibt sich daher die Fragestellung, mit welchem Preis-Modell der „Entsolidariserung" entgegengewirkt werden kann, ohne dabei die Anreize für die Installation eines Batteriespeichers zu mindern.

Literaturverzeichnis

Büro F (Hrsg.) (2016): Energy Business Lab, Büro F, Berlin 2016

Figgener, Jan (2017): Wissenschaftliches Mess- und Evaluierungsprogramm Solarstromspeicher 2.0 Jahresbericht 2017, RWTH Aachen, Aachen 2017 (Abruf: https://www.bves.de/wp-content/uploads/2017/07/Speichermonitoring_Jahresbericht_2017_ISEA_RWTH_Aachen.pdf, Zugriffsdatum: 16.12.2020).

Figgener, Jan (2019): Speichermonitoring BW Jahresbericht 2019, RWTH Aachen, Aachen 2019 (Abruf: https://www.speichermonitoring-bw.de/wp-content/uploads/2019/08/Speichermonitoring_BW_Jahresbericht_2019_ISEA_RWTH_Aachen.pdf, Zugriffsdatum 16.12.2020).

Graulich, Kathrin et al. (2018): Einsatz und Wirtschaftlichkeit von Photovoltaik-Batteriespeichern in Kombination mit Stromsparen, Öko-Institut e.V., Freiburg 2018 (Abruf: https://www.oeko.de/fileadmin/oekodoc/PV-Batteriespeicher-Endbericht.pdf, Zugriffsdatum: 16.12.2020).

Kaltschmitt, Martin/Streicher, Wolfgang/Wiese, Andreas (2014): Erneuerbare Energien – Systemtechnik, Wirtschaftlichkeit, Umweltaspekte; 5. Auflage; Springer Vieweg; Berlin Heidelberg 2014.

Quaschning, Volker (2018): Erneuerbare Energien und Klimaschutz: Hintergründe - Techniken und Planung - Ökonomie und Ökologie – Energiewende; 4. Auflage; Hanser; München 2018.

Quaschning, Volker (2019): Regenerative Energiesysteme - Technologie, Berechnung, Klimaschutz; 10. Auflage; Hanser; München 2019.

Schwab, Adolf J. (2019): Elektroenergiesysteme – Erzeugung, Übertragung und Verteilung elektrischer Energie; 5. Auflage; Springer Vieweg; Berlin Heidelberg 2019.

Weniger, Johannes (2015): Dezentrale Solarstromspeicher für die Energiewende, HTW Berlin, Berlin 2015 (Abruf: https://pvspeicher.htw-berlin.de/wp-content/uploads/2015/05/HTW-Berlin-Solarspeicherstudie.pdf, Zugriffsdatum: 16.12.2020).

Wesselak, Viktor et al. (2013): Regenerative Energietechnik; 2. Auflage; Springer Vieweg; Berlin Heidelberg 2019.

Wirth, Harry (2022): Aktuelle Fakten zur Photovoltaik in Deutschland; Fraunhofer ISE; Fassung vom 30.10.2022; Freiburg 2022 (Abruf:

https://www.ise.fraunhofer.de/de/veroeffentlichungen/studien/aktuelle-fakten-zur-photovoltaik-in-deutschland.html, Zugriffsdatum: 10.11.2022).

Internetquellen

https://www.baden-wuerttemberg.de/de/service/presse/pressemitteilung/pid/foerderprogramm-netzdienliche-photovoltaik-batteriespeicher-wieder-aufgelegt-1/
(Zugriffsdatum: 15.11.2022)

https://www.dwd.de/DE/leistungen/solarenergie/strahlungskarten_mvs.html#buehneTop
(Zugriffsdatum: 22.11.2022)

https://www.eupd-research.com/ende-2019-sind-gut-200000-heimspeicher-in-deutschland-installiert/
(Zugriffsdatum: 16.11.2022)

https://www.kfw.de/inlandsfoerderung/Unternehmen/Energie-Umwelt/F%C3%B6rderprodukte/Erneuerbare-Energien-Standard-(270)/?redirect=84480
(Zugriffsdatum: 10.11.2022)

https://www.photovoltaik.org/photovoltaikanlagen/solarzellen/amorphes-silizium
(Zugriffsdatum: 10.11.2022)

https://www.solaranlagen-portal.de/photovoltaik/preis-solar-kosten.html
(Zugriffsdatum: 10.11.2022)

https://www.verbraucherzentrale.de/wissen/energie/erneuerbare-energien/eeg-2023-das-aendert-sich-fuer-photovoltaikanlagen-75401
(Zugriffsdatum: 10.11.2022)

BEI GRIN MACHT SICH IHR WISSEN BEZAHLT

- Wir veröffentlichen Ihre Hausarbeit, Bachelor- und Masterarbeit

- Ihr eigenes eBook und Buch - weltweit in allen wichtigen Shops

- Verdienen Sie an jedem Verkauf

Jetzt bei www.GRIN.com hochladen und kostenlos publizieren

GRIN